乡镇林业工作站工程建设标准

主编单位：国家林业局林业工作站管理总站
批准部门：国家林业局
施行日期：2012 年 10 月 1 日

中国林业出版社
2012　北　京

图书在版编目(CIP)数据

乡镇林业工作站工程建设标准 / 国家林业局林业工作站管理总站主编. — 北京 : 中国林业出版社, 2012.11
ISBN 978-7-5038-6847-4

Ⅰ.①乡… Ⅱ.①国… Ⅲ.①乡镇 - 林业 - 建筑工程 - 标准 - 中国 Ⅳ.①TU263 - 65

中国版本图书馆 CIP 数据核字(2012)第 279207 号

出版 中国林业出版社(100009 北京西城区刘海胡同 7 号)
E-mail forestbook@163.com 电话 010 - 83222880
网址 lycb.forestry.gov.cn
发行 中国林业出版社
印刷 北京北林印刷厂
版次 2012 年 11 月第 1 版
印次 2012 年 11 月第 1 次
开本 850mm × 1168mm 1/32
印张 1
字数 22 千字
印数 1 ~ 37 000 册
定价 10.00 元

修订说明

《乡镇林业工作站工程建设标准》（以下简称《标准》）是根据国家林业局发展计划与资金管理司《关于下达2005年林业工程建设标准（定额）制、修订工作任务的通知》（林计财建便字〔2005〕004号）要求，在原《区、乡（镇）林业工作站工程项目建设标准》基础上，按照《关于工程项目建设标准编制工作暂行办法》的要求，结合当前林业建设和改革的新形势进行修订，并多次征求有关专家和部门的意见，经国家林业局发展计划与资金管理司组织专家论证会审查定稿。

乡镇林业工作站（以下简称林业站）是国家设置在乡镇的唯一的林业综合管理和执法机构，是林业的基石，是各项林业工作的落脚点，是林业部门联系广大林农的桥梁和纽带。长期以来，林业站承担完成了国家大量的林业公益性建设任务，在实施国家林业重点工程、推进以生态建设为主的林业发展战略，尤其是林业改革和社会主义新农村建设中发挥了不可替代的作用，为林业树立了良好的社会形象。为使林业站建设逐步实现标准化、规范化和科学化，1992年在全国基本完成建站设员任务后，林业部编制并颁布实施了《区、乡（镇）林业工作站工程项目建设标准》。目前，林业建设进入了新的发展阶段，林业改革和发展的任务更加艰巨，林业站承担的任务也越来越繁重，林业站建设亟待加强，原标准在诸多方面与林业站建设要求不相适应，据此进行了修订。

《标准》共分6章20条。第一章总则，主要说明林业站工程建设的指导思想、原则和应具备的条件；第二章林业站的设置和等级划分，主要规定林业站设置的条件和等级划分标准；第三章人员配备，规定不同等级林业站人员配备标准；第四章主要建设项目与工程量，规定各级林业站建筑工程项目和工程量；第五章主要设备，规定林业站需要配备的设备种类；第六章建设用地和环境保护，规定林业站建设用地应遵循的原则和用地指标。

《乡镇林业工作站工程建设标准条文说明》是对《标准》修订的依据以及执行中要注意的事项的说明。

目　录

第一章　总　则

第一条　为加强乡镇林业工作站（以下简称林业站）工程项目的科学管理，提高林业站工程项目的决策水平和投资效益，特制定本标准。

第二条　林业站是对林业生产经营实施组织管理的最基层林业管理机构。林业站的职责，按照《国家林业局林业工作站管理办法》的规定执行。

第三条　林业站的新建、续建、改（扩）建、维修和仪器设备配备等，适用本标准。

第四条　本标准是编制、评估、审批林业站工程项目可行性研究报告的重要依据，也是主管部门审查林业站工程项目初步设计和监督检查整个建设过程建设标准的尺度。

第五条　林业站工程项目建设必须遵守《中华人民共和国森林法》、《中华人民共和国环境保护法》、《中华人民共和国土地管理法》和《林业工作站管理办法》等法律、法规和规章。

第六条　林业站工程项目建设应坚持以下基本原则：

一、突出重点、分步实施。林业站建设必须全面规划，统筹安排，优先建设林业重点工程区内及资源管理、生态建设任务较重地区的林业站。

二、因地制宜、讲求实效。项目建设应遵循自然、经济规律，因地制宜地采用先进技术，确保工程质量，建设项目应满足工作需要。

三、厉行节约、不重复建设。按照建设资源节约型、环境友好型社会的要求，结合当地经济社会发展水平和财力状况，充分利用现有条件，避免重复建设。

第七条 林业站工程项目建设必须具备下列前提条件：

一、林业站经县级人民政府、编制部门批准其机构、职能和编制，机构和队伍稳定，人员定岗到位，人员和工作经费纳入财政预算。

二、林业站建设已纳入地方经济和社会发展规划。

三、林业站建设用地已初步划定。

第八条 林业站的工程建设除执行本标准外，尚应执行国家现行有关强制性标准的规定。

第二章　林业站的设置和等级划分

第九条　林业站可根据林业生态建设和生产经营管理任务的规模，在本行政区域或跨行政区域设置。

第十条　林业站按山区及半山丘陵区、平原及牧区两种类型划分，林业站等级标准按所管辖地区的林业用地面积及活立木蓄积量两项指标划分。划分等级时，须同时具备上述两项指标。若只具备一项指标时，则按下一级采用。划分标准见表1。

表1　林业站等级划分标准（单位：公顷、万立方米）

地区类型	级　别	林业用地面积	活立木蓄积量
山区及半山丘陵区	一级站	10000 以上	35 以上
	二级站	3000～10000	10～35
	三级站	3000 以下	10 以下
平原及牧区	一级站	3000 以上	10 以上
	二级站	700～3000	3～10
	三级站	700 以下	3 以下

第十一条　按第十条划分的二、三级站，若符合下列条件之一者可以提高一级标准执行：

一、辖区林业用地面积占土地总面积 60% 以上的林业站；江河源头、风沙源地、珍稀野生动植物资源主要或集中分布区域等生态区位极其重要地区的林业站。

二、由林业站负责管理或技术指导的经济林面积在 500（含 500）公顷以上的林业站。

三、山区及半山丘陵区二级站的有林地面积在8000公顷以上和平原及牧区二级站有林地面积在2700公顷以上者，可以按一级站标准进行建设。

四、按区域设置或作为县级林业主管部门派出机构的林业站。

五、平原及牧区内的森林覆盖率达到国家规定的平原绿化指标要求的林业站。

第三章　人员配备

第十二条　各级林业站人员配备见表 2，其中专业技术人员所占比例不宜低于 80%。

表 2　林业站人员配备（单位：人）

地区类型	级　　别	人员配备
山区及半山丘陵区	一级站	7 ~ 10
	二级站	5 ~ 7
	三级站	3 ~ 5
平原及牧区	一级站	5 ~ 7
	二级站	4 ~ 5
	三级站	3 ~ 4

注：各级林业站人员实际配备以地方政府实际批准的编制为准。

第四章 主要建设项目与工程量

第十三条 林业站的主要建设项目包括办公、生活及其他用房，附属工程等。

办公用房包括办公、档案、会议室等。

生活用房包括食堂及宿舍等。

其他用房包括车库、仓库等辅助用房等。

第十四条 林业站建筑工程量见表3。

表3 林业站建筑工程量（单位：平方米）

地区类型	等级	建筑工程量	其中		
			办公用房	生活用房	其他用房
山区及半山丘陵区	一级站	410～530	120～150	210～300	80
	二级站	320～400	100～120	150～210	70
	三级站	230～310	80～100	90～150	60
平原及牧区	一级站	320～400	100～120	150～210	70
	二级站	260～310	80～100	120～150	60
	三级站	200～250	60～80	90～120	50

第十五条 林业站的办公用房不得低于表列建筑工程量的下限，供电、取暖、给排水可根据当地的现有条件合理安排，做到工程量小、投资少、功能完备。

第五章　主要设备

第十六条　林业站应配备办公设备、机动交通工具和通讯设备。

第十七条　林业站根据承担的职责任务大小，相应地配备森林防火、林业有害生物防治、林政与资源管理、野生动植物保护管理和调查监测、公众宣传教育、科技推广及培训、野外工作等仪器、设备和装备。

第十八条　林业站主要仪器设备参见表4。

表4　林业站主要仪器设备参考表（台、套、辆）

办公设备	计算机、打印机、多功能一体机、传真机、扫描仪、复印机、信息网络设备、档案柜等
通讯设备	电话、对讲机、基地台等有线无线设备
交通工具	汽车、摩托车、船只等机动交通工具
资源管理设备	GPS、罗盘仪、测高仪、简易测量工具、水准仪、望远镜、求积仪等
森林防火设备	油锯、割灌机、灭火机、组合工具、灭火水枪、发电机等
林业有害生物防治设备	喷雾（粉、烟）机、打孔注药机、车载喷药器械、检验检疫箱、预测预报灯、诱捕器、诱虫灯、野外防护服等
科技推广及宣教设备	电视机、DVD、照相机、摄像机、投影仪、天平、土壤测定仪等
野外工作装备	帐篷、睡袋、防潮垫、背包、水壶、生火工具、户外鞋、指北针、手电筒、求生哨、砍刀、绳索等

第六章　建设用地和环境保护

第十九条　新建林业站必须节约用地，有效地利用土地，合理确定建筑物间距和道路宽度。

第二十条　新建林业站工程建设用地，应执行《中华人民共和国土地管理法》的规定。林业站工程建设用地见表5。

表5　林业站工程建设用地指标（单位：平方米）

类型	等　级	全站用地	分项用地			
			办公用房	生活用房	其他用房	场地
山区及半山丘陵区	一级站	2140～2620	480～600	840～1200	320	500
	二级站	1680～2000	400～480	600～840	280	400
	三级站	1220～1540	320～400	360～600	240	300
平原及 牧区	一级站	1680～2000	400～480	600～840	280	400
	二级站	1340～1540	320～400	480～600	240	300
	三级站	1100～1300	240～320	360～480	200	300

附　录

本标准用词说明

为便于在执行本标准条文时区别对待，对于要求严格程度不同的用词说明如下：

（1）表示很严格，非这样做不可的用词：

正面词采用“必须”；反面词采用“严禁”。

（2）表示严格，在正常情况下均应这样用词：

正面词采用“应”；反面词采用“不应”或“不得”。

（3）表示允许稍有选择，在条件许可时首先应这样做的用词：

正面词采用“宜”；反面词采用“不宜”。

表示有选择，在一定条件下可以这样做的，采用“可”。

附加说明

主编单位、主要起草人和审核人员名单

主 编 单 位：国家林业局林业工作站管理总站
主要起草人：许　绠　张志刚　云天昊　刘景海

附　件

乡镇林业工作站工程建设标准

条　文　说　明

目　　录

第一章　总　则

第三条　管理两个以上乡镇的区域站（中心站）的工程建设项目，可按照所辖林业用地面积、活立木蓄积及批准的人员编制，参照本建设标准的相应等级执行。

第二章 林业站的设置和等级划分

第十条 山区、半山丘陵区、平原及牧区的类型划分是：山占七成以上为山区；山占三成至七成为半山丘陵区；山占三成以下的为平原区；以牧业为主的为牧区。

林业站等级划分时，若只具备一项指标时，按下一级采用。如在山区及半山丘陵区建站时，其林业用地面积在10000公顷以上，但活立木蓄积量不足35万立方米，按二级站建设。活立木蓄积量在10万立方米以下者，也按二级站建设。依此类推。

第十一条 江河源头是指对国家生态安全具有重要意义、生态环境极为脆弱地区的河流干流源头及干流两岸。

第四章　主要建设项目与工程量

第十三条　林业站的办公用房按办公人员及职能分工安排计划的，包括站长室、业务组（室）、资料档案、会议室等。会议室是满足本辖区内经常召开营林护林员会议的需要。

第十四条　各级林业站的办公用房、生活用房及其他用房的建筑工程量是根据人员配备和工作量情况设定的。

第六章　建设用地和环境保护

第二十条　表 5 中场地栏包括林业站内设置的种子晾晒场、苗木假植地、停车场等用地指标，是在调研的基础上根据林业站实际需求设定的。